Dr. Rolf Meier

Theorie vom
Selbstorganisierten Coaching

Verlag Wissenschaft & Praxis

Bibliografische Information der Deutschen Nationalbibliothek
Die Deutsche Nationalbibliothek verzeichnet diese Publikation in der Deutschen Nationalbibliografie; detaillierte bibliografische Daten sind im Internet über http://dnb.dnb.de abrufbar.

ISBN 978-3-89673-645-1

D-75447 Sternenfels, Nußbaumweg 6
Tel. +49 7045 930093 Fax +49 7045 930094
verlagwp@t-online.de www.verlagwp.de
Druck und Bindung: Esser Druck GmbH, Bretten

Inhaltsverzeichnis

1 Vorwort – wie alles begann

Warum treffen sich Menschen? Warum bleiben Menschen in Kontakt? Was treibt Menschen an, gemeinsam ein Projekt mit Inhalten zu füllen, zu strukturieren und die gemeinsamen Vorstellungen auszuprobieren und andere Menschen an ihrem Wissen und ihren Erfahrungen teilhaben und lernen zu lassen?

Es ist das Thema Coaching, das Verständnis von Coaching und die Legitimation von Coaching.

Heute würden wir sagen: sie bilden einen Kontext, der mit attraktiven Werten ausgestattet ist und dem Einzelnen die Möglichkeit gibt, seine Motive erlebbar werden zu lassen. Der eine der beiden Initiatoren der Theorie vom Selbstorganisierten Coaching hatte seit Jahren Führungsausbildungen und Coachausbildungen in Unternehmen realisiert, der Andere hatte ein Jahr zuvor den Deutschen Verband für Coaching und Training gegründet. Beide verfügen über langjährige Führungserfahrungen in unterschiedlichen Branchen, Unternehmensgrößen und Hierarchien. Die Grundlage der gemeinsamen Arbeit am und im Thema Coaching war und ist die gemeinsame Überzeugung, dass selbstständige Menschen über Ziele und Ressourcen verfügen, die sie aus eigener Kraft erreichen und nutzen wollen – Selbstständigkeit als wesentlicher Teil von Coaching. Im Kontext Führung ist es die Selbstführung, im Kontext Psychologie ist es die Selbststeuerung, im Kontext Soziologie ist es die Selbstorganisation und im Kontext Pädagogik ist es das selbstständige Lernen. Verhalten und Handlungen sind ohne Ressourcenverfügung und deren Zugriff nicht möglich.

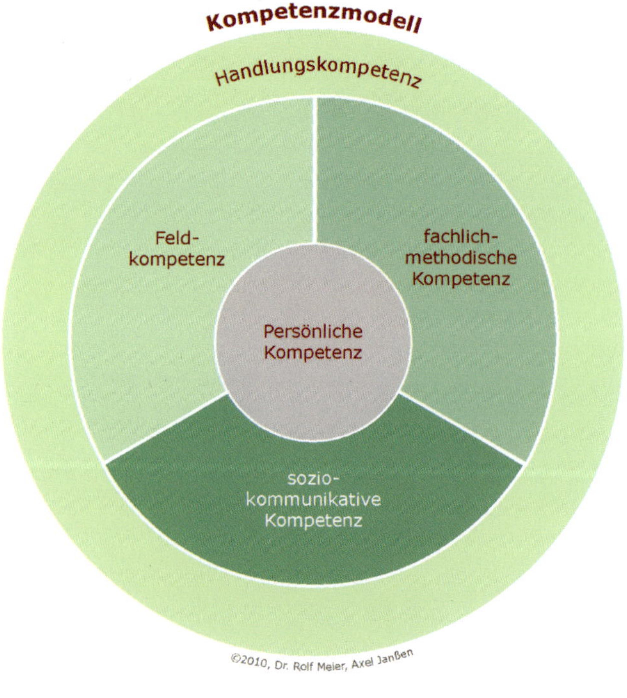

Das Kompetenzmodell ist Orientierung für die Ressourcenbereiche, die es gilt – hinsichtlich ihrer konkreten Verwendung – zu aktivieren, um spezifische Handlungen erlebbar zu machen.

Aus diesen Grundübereinstimmungen ist das Projekt Coachingverständnis und Coachausbildung entstanden und weiter differenziert und legitimiert worden. Die erste Coachausbildung wurde im Herbst 2005 angeboten und realisiert. Die Nachfrage nach unserer Dienstleistung ist stetig gestiegen – die Coachausbildungen finden seitdem kontinuierlich statt.

Unsere Teilnehmer kommen aus ganz Deutschland und dem deutschsprachigen Europa aus unterschiedlichen

- Branchen,
- Betriebsgrößen und
- Unternehmenskulturen.

Sie sind ...

Selbstständige, die dann eine anerkannte Coachausbildung absolviert haben und durch ihre Zertifizierung dem Markt ihre Kompetenz als Coach nachweisen können;

Personalleiter, die sich fachkundig machen wollen zum Thema Coaching, da sie innerbetrieblich für die Auswahl von Coachs Verantwortung haben, teilweise aber auch innerbetrieblich als Coach fungieren.

Personalentwickler, die innerbetrieblich als Coach eingesetzt werden wollen und sollen, aber auch bei der Auswahl von externen Coachs beratend tätig sind;

Führungskräfte, die ihre Führungskompetenz um Coachingkompetenzen erweitern wollen, um den veränderten Bedingungen von Führung und der Erwartung an Führungskräfte durch die eigenen Mitarbeiter und die Umwelt in ihrer situativen Handlungskompetenz gerecht zu werden;

Führungskräfte, die im Rahmen ihrer Entwicklung, zeitlich begrenzt, als hauptamtlicher Coach in der Organisation eingesetzt werden, um dann weiterführende Aufgaben zu übernehmen;

Menschen, die ihre „alte" Arbeitswelt verlassen, weil sie ihre Bestimmung im Coaching und als Coach sehen.

Die Teilnehmer unserer Coachausbildung differenzieren sich aber auch über Alter und Geschlecht – vor allem aber über ihre sehr unterschiedlichen Aus- und Weiterbildungen. Ein abgeschlossenes Hochschulstudium, zum Teil mit Promotion, mehrjährige Führungserfahrungen und häufige Weiterbildungen in TA, NLP oder systemischen Tätigkeitsfeldern sind festzustellen. Da alle Teilnehmer freiwillig, also aus eigenem Entschluss unsere Ausbildung durchlaufen, zeichnen sie sich durch einen besonderen Lerneifer und ein große Wissbegierde aus. Die Erfahrungen der Teilnehmer mit spezifischen Schlüsselbegriffen aus anderen Gebieten und deren Interpretation waren mit derjenigen unserer Ausbildung oft nicht deckungsgleich und daher manchmal schwer vermittelbar, weil definitorische Vorerfahrungen oft als „generalisierende Wahrheit" angenommen und gedeutet wurden.

Als Ausbilder mussten wir durch den Paradigmawechsel im Verständnis Coaching einen erheblichen Ausbildungs- und Überzeugungsaufwand betreiben, um unsere Sicht der Dinge verständlich zu machen. Dies haben wir in der ersten Zeit unserer Ausbildungen sozusagen „aus dem Stand" getan. Diese Überzeugungsarbeit gelang nicht immer zu unserer Zufriedenheit, weil natürlich auch wir als Ausbilder nicht in jeder Situation zur treffgenauen Argumentionssicherheit und Argumentationsdifferenzierung auf höchstem Niveau befähigt sind.

Um diese „situativen Argumentationsschwächen" auszugleichen oder auszuschließen, begannen wir zentrale Begriffe der Ausbildung, Erkenntniszusammenhänge und ihre Legitimation zu definieren und in einem Zusammenhang darzustellen. Insbesondere haben wir Axiome als Fundament aller weiteren Ableitungen und Erklärungen für Coaching formuliert. So entstand die Theorie vom Selbstorganisierten Coaching, die unser konzeptionelles Coachingverständnis, unser Agieren als Coach und Coachausbilder legitimiert – aber auch unser Verhalten in der Situation beeinflusst und unser Verständnis des Coachingprozesses als praktisch-methodische Interpretation der Theorie festlegt.

Coaching ist Handwerk als Ausdruck grundsätzlich erlernbarer und reproduzierbarer Fertigkeiten und Fähigkeiten in einem Anwendungskontext und der wertegeleiteten Haltung, die die Ausübung des Coachhandwerks dominiert. Es ging und geht um den sich selbst steuernden Menschen, den Mitarbeiter oder die Führungskraft, die in einer Situation Handlungskompetenz erbringen müssen. Diese Erwartung an die personale Handlungskompetenz wird von einem strategischen Modell der Kompetenz geleitet. Im Coaching geht es um die Wegbeschreibung, wie ein Mensch mit Hilfe des Coachingprozesses von der Ist-Kompetenz zur Soll-Kompetenz kommt und wie er diese Vorgehensweise im Sinne der nachhaltigen Selbstorganisation angemessen in zukünftigen Kontexten beherrscht (Grafik S. 12).

Die Theorie vom Selbstorganisierten Coaching erblickte sozusagen im Herbst 2007 das Licht der Welt, weil der damalige Ausbildungsjahrgang damit zum ersten Mal konfrontiert wurde – in Form einer Arbeitsunterlage. Im 2010 veröffentlichten Buch „CoachAusbildung – ein strategisches Curriculum" ist die „Theorie" das argumentative Fundament unserer didaktischen und methodischen Struktur der Coachausbildung.

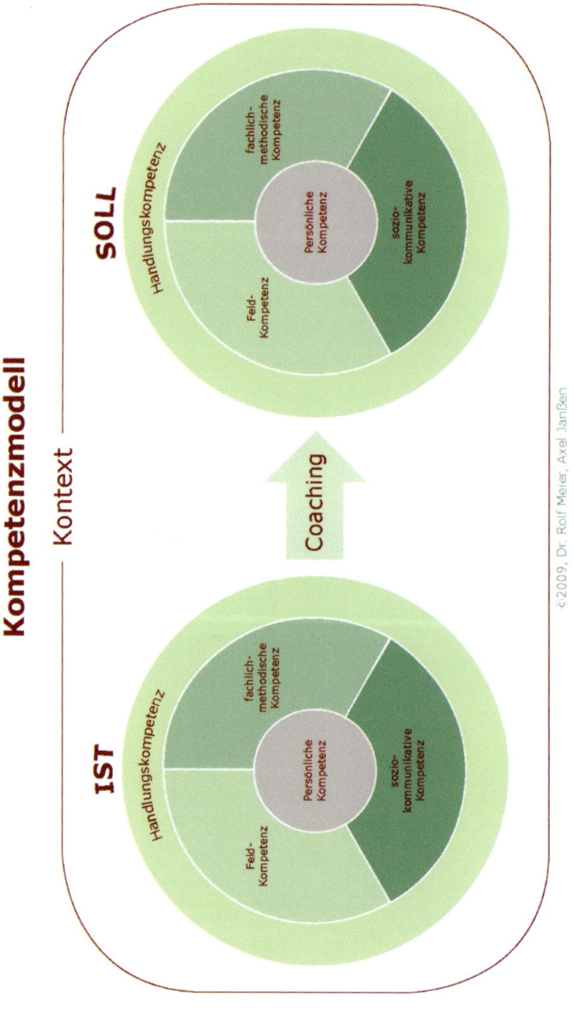

Kompetenzmodell
Kontext
IST
Handlungskompetenz
fachlich-methodische Kompetenz
Persönliche Kompetenz
sozio-kommunikative Kompetenz
Feld-Kompetenz
Coaching
SOLL
Handlungskompetenz
fachlich-methodische Kompetenz
Persönliche Kompetenz
sozio-kommunikative Kompetenz
Feld-Kompetenz
©2009, Dr. Rolf Meier, Axel Janßen

2 Unique Selling Proposition – USP

Es geht um die Eigenständigkeit und Zukunftsfähigkeit von Coaching in und mit einer kompromisslosen Exzellenz. Unsere ausgebildeten Coachs können sich im „überfüllten und differenzierungslosen" Coachingmarkt nur durch einen legitimierten USP abheben und sich damit gegenüber Wettbewerbern durchsetzen. Als Ausbilder und als Ausbildungsinstitut sind nur interessant für gut ausgebildete Nachfrager nach Coaching, die auf anerkanntem und überprüfbarem qualitativem Niveau ausgebildet werden wollen, weil deren Kunden oder Klientel auch inhaltlich, methodisch und menschlich hohe Ansprüche an den Dienstleister Coach und sein Coaching haben. Dem werden wir gerecht.

Der USP besteht aus den drei Segmenten Theorie, Paradigmawechsel und der strukturierten, veröffentlichten Ausbildung.

2.1 Die Theorie

Wir sind in Deutschland der einzige Anbieter einer Coachausbildung, der sein Verständnis von Coaching in einer Theorie als Legitimation für Coaching beschreibt und veröffentlicht hat. Andere am Markt gängigen Coachausbildungen bemühen vorhandene Verständnisse, die originär nicht für Coaching entwickelt wurden oder entstanden sind. Dies sind in der Regel therapeutische Ansätze und Quellen. Dazu zählen schwerpunktmäßig ...

- die Transaktionsanalyse (TA);
- das Neuro-Linguistische-Programmieren (NLP);
- die lösungsfokussierte Kurzeittherapie nach DE SHAZER;

- systemische Ansätze aus der Familientherapie;
- das Fragecoaching nach WITHMORE;
- systemische Verständnisse aus Systemtheorien – hier schwerpunktmäßig die Systemtheorie des Soziologen NIKLAS LUHMAN;
- die personale Systemtheorie in Anlehnung an BATESON.

Unsere Theorie vom Selbstorganisierten Coaching ist nicht abhängig von diesen genannten anderen Erkenntniskontexten und Erkenntniszusammenhängen zu Coaching. Deshalb ist unser Coachingverständnis kein Synonym für schon Vorhandenes. Der USP im Sinne der Theorie besteht im innovativen Unikat der Konstruktion und Legitimation von Coaching.

2.2 Paradigmawechsel

Alle am Markt gängigen Coachingverständnisse bauen Vertrauen auf und benötigen als strategisches Merkmal für Qualität des Coachings die Kompetenz des individuellen Coach, der den Verlauf des Coachings mittels seiner Erfahrung und seiner Qualifikation in der Situation lenkt und steuert. Seine Diagnose- und Lenkungsfähigkeiten bestimmen den Erfolg und damit die Qualität des situativen Coachings.

In der Therapie war es ein Paradigmawechsel sich von der Problemorientierung zu lösen und zur Lösungsfokussierung überzugehen.

Wir vollziehen den Paradigmawechsel, noch weiter und konsequenter, indem wir den Coach zum „Diener des Prozesses" machen. Der Coachingprozess als festgelegtes methodisches Vorgehen und seine Handhabung durch jeden in dieser Methode ausgebildeten Coach machen den Coachingprozess zum Mittel der Wirkungserwartung von Coaching. Mit der nachhaltigen Selbstorganisation, die das Selbstcoaching beim Coachee auslösen soll, erhält die erlernbare Methode Coaching für das Selbstcoaching ohne Coach sein prioritäre Bedeutung. Es kommt auf die Methode Coaching und seine Selbstwahrnehmung durch den Coachee an und nicht mehr ausschließlich auf den Coach.

2.3 Veröffentlichtes Curriculum

Mit der Veröffentlichung der Didaktik und Methodik unserer Coachausbildung ist das Coachingverständnis nicht nur öffentlich legitimiert, sondern auch im Prinzip ausbilderunabhängig von Einzelpersonen zu erlernen.

3 Hinleitung

Als Führungskräfte haben wir gelernt, dass es nicht ausreicht, Prozesse zu initiieren und zu begleiten, sondern dass im Mittelpunkt der Betrachtung die Folgen der Führungsleistung zu erkennen und zu bewerten sind. Das Denken im so genannten „Hier und Jetzt" reicht nicht aus. Auf die Folgen kommt es an.

Selbstverständlich haben wir ein Menschenbild, ein Bild vom Menschen. Wir beschreiben es aber anders, insbesondere unter dem Aspekt von den Folgen seines Tuns. Unser Menschenbild beschreibt Selbstorganisation zum Handeln. Die Handlungskompetenz als Fähigkeit begreifen, sich selbst in Situationen/Kontexten angemessen steuern und verhalten zu können. Die Entscheidung für ein situatives Verhalten basiert auf der Fähigkeit, vorhandene eigene Ressourcen zu identifizieren und sie angemessen in Verhalten zu wandeln, um angestrebte Ergebnisse (Ziele und ihre Folgen) zu erreichen. Im Kern geht es immer um Kompetenzen aus den Bereichen der persönlichen Kompetenz, der soziokommunikativen Kompetenz, der fachlich-methodischen Kompetenz und der Feldkompetenz, die ineinander verwoben und kombiniert in einer spezifischen Situation zur Handlungskompetenz werden, die Erfolg auslösen soll. Im Coaching geht es darum, sich auf solche zukünftigen Situationen der eigenen Handlungskompetenz mental (intellektuell und emotional) vorzubereiten.

Selbstorganisation und Selbststeuerung des eigenen Handelns als Mensch in den unterschiedlichsten Kontexten beinhaltet die Selbstdiagnose und die Selbstentwicklung. Gibt es für diese Selbstentwicklung von Entscheidungen Maßstäbe für „richtiges" und „falsches" Handeln? In aller Regel nicht. Wohl Anhaltspunkte und Orientierungen – aber sie gibt es nicht maßgeschneidert für eine bestimmte zu entscheidende Situation. Der Mensch muss sie interpretieren und risikobewusst bewerten, um für sich Anhaltspunkte für erfolgreiches Handeln zu identifizieren. Wo es keine „objektive Wahrheit" gibt, regiert der Konstruktivismus: die Interpretation der Welt mit den eigenen Augen und eigenen Erkenntnismöglichkeiten. Dies ist im besten Sinne des Wortes „autoritäres" Vorgehen. Der Mensch muss sich in Ermangelung objektiver Maßstäbe aus sich selbst heraus zu einer Entscheidung „ermächtigen/ermöglichen". Nichts anderes besagt das aus dem Französischem stammenden Wort „autoritär". Der Mensch lebt in seinen individuellen Kontexten, die er erkennen muss, um entsprechende Handlungen des Erfolgs zu kreieren. Von HUMBERTO MATURANA stammt die Aussage „Erkennen ist Tun und Tun ist Erkennen". Insofern hat der Mensch die Aufgabe, seinen Kontext zu erkennen, um daraus Tun zu entwickeln. Es gilt für ihn, die Zusammensetzung von Merkmalen seines Kontextes zu ermitteln und die Ansprüche der Kontextmerkmale zu befriedigen. Es gilt für ihn, systemisches Denken und Handeln als Ausdruck der Einmaligkeit des Kontextes zu begreifen. Nichts wiederholt sich identisch – wohl aber in einer strukturellen Vergleichbarkeit.

Die Theorie vom Selbstorganisierten Coaching beinhaltet und berücksichtigt dies, indem sie dem Coachee für seine Selbstdiagnose und Selbstentwicklung von Handlungsweisen für zukünftige Situationen einen Organisationsrahmen für Veränderung und Lernen bereitstellt. Die Struktur, Handhabung und Wirkungserwartung der Selbstorganisation erlernt der Coachee im Prozess, um sich selbst in ähnlichen thematischen Kontexten ohne Unterstützung des Coachs selber coachen zu können (nachhaltige Selbstorganisation). Der Coach ist also nicht nur Interessenvertreter des Prozesses und seiner phasenabhängigen Wirkungserwartungen, sondern auch ein Lernbegleiter für den Coachee, der für sich innerhalb des Prozesses eine nachhaltige Selbstorganisation entwickelt. Der Coach hat damit die Verantwortung für faktisch richtiges Wissen des Coachees, die Verwendung des Wissens im Kontext, die Reflexion der Anwendung im systemischen Zusammenhang und der Fähigkeit, all das in Kontexte des Coachees zu übertragen, die er erkennt und deutet. Der Coach ist damit auch für ein „konstruktivistisches Lehren und Lernen" des Coachees verantwortlich, um den Titel eines Buches von HORST SIEBER zu bemühen. Die Praxis der Theorie berücksichtigt dies in den „Vier systemisch-konstruktivistischen Lerntaxonomien: faktisch richtiges Wissen, kontextbezogenes Anwenden von Wissen, Reflexion systemischen Agierens und konstruktivistischer Kontexttransfer" und deren konsequente Handhabung in der Prozesswahrnehmung. Die qualitative Inanspruchnahme des Organisationsrahmens „Prozess" wird durch die Werte Freiheit, Freiwilligkeit, Ressourcenverfügung und Selbststeuerung ermöglicht, aber auch überprüfbar.

Die Struktur des systemisch-konstruktivistischen Coachingprozesses
Freiheit
Freiwilligkeit
1. Phase „Kontakt und Kontrakt"
1.1 Vorstellung und Erwartung der Beteiligten
1.2 Coachingablauf, Kommunikationskontext und Selbstorganisation vereinbaren
1.3 Thema und Veränderungswunsch skizzieren
2. Phase „ Systemische Themen- und Zielklärung"
2.1 Thematischen Ist-Kontext systemisch visualisieren
2.2 Ziel festlegen und Folgen reflektieren
3. Phase „Zielorientierte Ressourcenidentifikation und Reflexion"
3.1 Motive, Werte und Intelligenzen zur Zielerreichung ermitteln
3.2 Werte des Kommunikationskontextes ermitteln
3.3 Hypothesengeleitet Ressourcen ermitteln
3.4 Ressourcen aus eigenen und fremden Quellen
3.5 Bisheriges Analyse- und Lösungsmuster der Selbstorganisation im thematischen Kontext
3.6 Feedbacksystematik und somatische Marker etablieren
4. Phase „Handlungskompetenz im systemischen Zielkontext festlegen"
4.1 Entwicklung und Entscheidung der Handlungsalternativen
4.2 Handlungsabfolge festlegen (Handlungsplan)
4.3 Potenzielle Probleme bei der Realisierung des Handlungsplans analysieren
4.4 Ressourcen- und Handlungsplan aktualisieren
4.5 Controllingmerkmale des Handlungsplans festlegen
4.6 Nachhaltige Selbstorganisation sichern
5. Phase „Controlling"
5.1 Controlling des Handlungsplans
5.2 Controlling der nachhaltigen Selbstorganisation
Nachhaltige Selbstorganisation
Grundanliegen von Coaching:
Wahrnehmungserweiterung auslösen, Handlungsalternativen ermöglichen, Entscheidungsfähigkeit sichern
Quellen aus denen der Coachingprozess entstanden ist:
Kepner-Tregoe-Methode, Selbstorganisiertes Lernen, Rubikon-Modell nach Heckhausen, Transfertheorien
Ressourcenverfügung
Selbststeuerung
©2013, Dr. Rolf Meier, Axel Janßen

4 Die Theorie vom Selbstorganisierten Coaching

Wer sich für Qualitätssicherung und Weiterbildung im Coaching einsetzt, sollte über eine differenzierte Komplexität von Beeinflussungsstrategien verfügen. Diese Komplexität bietet die Theorie vom SelstorganisiertenCoaching, da sie nicht nur isoliert einen Coachingsprozess darstellt oder undifferenziert von schulübergreifenden Inhalten spricht oder einzelne Schulen in den Mittelpunkt stellt, ohne deren Legitimation zu kennen. Die Theorie vom Selbstorganisierten Coaching beschreibt alle coachingrelevanten Wirkmechanismen. Erst diese Geschlossenheit ermöglicht es, Qualität zu entwickeln und zu überprüfen.

Aktuelle Marktsituation

Qualitätsstandards oder Qualitätsvorstellungen von Coaching und Coachausbildung sind konkret nicht systematisiert. Übereinkünfte und gemeinsames Verständnis bestehen lediglich auf hoher Abstraktionsebene. Dazu zählen die nachfolgenden drei werthaltigen Aussagen:

A Coaching ist Hilfe zur Selbsthilfe.
(Die konkrete Hilfe und typische Vorgehensweisen werden nicht hinreichend definiert.)

B Die Prozessverantwortung liegt beim Coach.
Der Coachee trägt die Lösungsentwicklungs- und Ergebnisverantwortung.
(Die Prozessstruktur ist nicht legitimiert, die methodische Generierung von Handlungsalternativen ist nicht beschrieben und die Strukturmerkmale der Ergebnisverantwortung sind nicht festgelegt.)

C Coaching ist keine Psychotheraphie (im Sinne der Behandlung seelisch Kranker).
(Diese Übereinkunft wird nicht eingehalten, da Lösungsangebote auf der Handlungsebene im Sinne therapeutischer Beratung gegeben werden.)

Die nachfolgend beschriebene Theorie vom Selbstorganisiertem Coaching dient ...

- den Ausbildern von Coachs als Grundlage zur Gestaltung und Legitimierung ihres curricularen Ausbildungsangebotes;
- praktizierenden und zukünftigen Coachs zur Selbstbewertung ihres Coachingansatzes (Coachingverständnisses und ihres praktischen Handelns) und zur Entwicklung eigener Vorgehensweisen, basierend auf der Theorie vom Selbstorganisierten Coaching;
- der wissenschaftlichen Welt als mögliche Grundlage, Coaching zu bewerten und Anstöße zur Weiterentwicklung zu geben.

4.1 Theorieverständnis

Eine Theorie ist ein Gedankenmodell, das zur Erklärung von Erscheinungen oder zur Konstruktion von neuen Welten herangezogen werden kann. Sie kann auch als die Gesamtheit eines gedanklich konstruierten Bildes – im Gegensatz zur Praxis – verstanden werden. Danach ist eine Theorie ein vereinfachtes Bild eines Ausschnittes der Realität.

Aufgrund von Modellvorstellungen (Theoriekonstrukt) zu einem gegebenen Thema sollen theoriegeleitete bzw. -gestützte Prognosen und Handlungsempfehlungen ausgesprochen werden.

Eine Theorie muss den Vorschriften der Logik und Grammatik entsprechen und dabei widerspruchsfrei und überprüfbar sein. Verwendete Begriffe müssen genau definiert und empirisch verankert sein. Die Verträglichkeit mit bestehenden Theorien, die Lieferung eines Erklärungswertes, ohne dabei ein spezielles thematisches Erkenntnismodell darzustellen, sowie die Möglichkeit zur Erstellung von (eintreffenden) Prognosen runden die Anforderungen an eine Theorie sinnvoll ab.

Theorien dienen als Erklärungskonstrukt einer thematischen Wirklichkeit, die Erkenntnis bzw. Erkenntniserweiterung betreffend. Hinsichtlich ihrer Entstehungsweise herrscht kein Einvernehmen, jedoch wird im Allgemeinen zwischen folgenden methodischen Konstrukten unterschieden:

1. Induktive Theorien entstehen durch die Erarbeitung, Strukturierung und Bewertung von Datenmaterialien im empirischen Prozess.
2. Deduktive Theorien entstehen durch die Aufstellung sinnvoller Annahmen, welche in der Praxis (erfolgreich) überprüft werden können.
3. Aduktive Theorien entstehen eher spontan, wenn eine erklärende Hypothese für ein eingetretenes (überraschendes) Ereignis aufgestellt werden muss/ kann. Der Wahrheitswert ist somit nicht gesichert.

Jede Theorie basiert auf Axiomen. In der Literatur ist kein eindeutiger Hinweis zu finden, aus welchen Elementen und dazugehörigen Interaktionen eine beliebige Theorie bestehen muss oder welches logische Strukturkonstrukt notwendig ist, um als Theoriekonstrukt im wissenschaftlichen Sinne anerkannt zu werden.

Die von uns gewählten Merkmale und Strukturverläufe entsprechen unserem Verständnis nach einer deduktiven Theorie. Somit gilt: Die Theorie vom Selbstorganisierten Coaching ist eine deduktive Theorie. Unser Bemühen ist – durch die vorliegende detaillierte Untersuchung des Faches Coaching – das Wissen darüber zu fokussieren und zu seiner reflektierten Betrachtung anzuregen.

4.2 Definition und Begriffe

Definition

> Die Theorie vom Selbstorganisierten Coaching beschreibt auf der Basis eines wertegeleiteten empathisch-dramaturgischen Kontextes und mittels eines strukturierten Ablaufes, wie durch kreatives Selbst-Lernen die individuelle Entscheidungsfähigkeit als nachhaltige Selbstorganisation ausgelöst und gefördert wird.

Allgemeine Grundbegriffe

> *Freiheit*
> bezeichnet die Befähigung und die Verpflichtung, aus Alternativen nach bestimmten individuellen Selektionskriterien zu wählen.
>
> *Freiwilligkeit*
> bedeutet absichtliches und/oder spontanes Handeln.
>
> *Ressourcenverfügung*
> bedeutet uneingeschränkter Zugriff auf innere und äußere Mittel.
>
> *Selbststeuerung*
> ist die Fähigkeit, eigene Ziele und Handlungen zu bilden und sie gegen innere und äußere Widerstände umzusetzen.

Selbstwahrnehmungserweiterung
ist die Fähigkeit, das eigene Selbstbild unter unterschiedlichen Kontextanforderungen zu deuten.

Handlungsalternativen
sind unterschiedliche, vom menschlichen Willen gesteuerte Verhalten.

Entscheidungsfähigkeit
bezeichnet das Potenzial, aus Alternativen zu wählen.

4.3 Axiome

Im Sprachgebrauch ist ein Axiom eine unbeweisbare, aber in sich einsichtige, grundlegende Aussage, die als Ausgangspunkt einer ableitbaren Theorie dient. Nachfolgend sind die 20 Axiome aufgeführt, die die Grundlage der Theorie vom Selbstorganisierten Coaching bilden.

Coaching vollzieht sich unter den verschiedensten Rahmenbedingungen; entscheidend ist die Beachtung folgender Werte:

- *Freiheit* – in der Bedeutung: Die Freiheit als Coachee, als Gruppe oder als Team, die nachhaltige Selbstorganisation selbst festzulegen.
- *Freiwilligkeit* – in der Bedeutung: Die Freiwilligkeit als Coachee, als Gruppe oder als Team über die Veränderungsthematik und den Zeitpunkt der Veränderung selbst entscheiden zu können.
- *Ressourcenverfügung* – in der Bedeutung: Der Coachee, die Gruppe oder das Team haben selbstständigen Zugriff auf die Ressourcen, die zur Selbstorganisation und Veränderungsrealisierung benötigt werden.

- *Selbststeuerung* – in der Bedeutung: Der Coachee, die Gruppe oder das Team sind in der Lage, Veränderungsanforderungen selbst zu erkennen und selbst zu realisieren.
- *Coaching* muss der Komplexität der Lebens- und Erfahrungswelt des Coachee, der Gruppe oder des Teams gerecht werden. In diesem Sinne ist Coaching immer „systemisch".
- *Coaching* führt den Coachee, die Gruppe oder das Team vom linearen zum vernetzten Denken und Handeln. Es geht darum, Freiheitsgrade für eigenes Verhalten innerhalb eines „Bezugskontextes" zu identifizieren und zu „Vergleichbarem" zu erweitern.
- *Coaching* basiert auf Modellen von wissenschaftlicher Erkenntnis.
- *Coaching* definiert sich über eine wertegeleitete Arbeitshaltung und operationalisierbares Handwerk (Einhalten der Prozessstruktur).
- *Die Lösung* liegt im Coachee, in der Gruppe oder im Team.
- *Erfahrungen* bilden die Grundlage jeder individuellen und kollektiven Wirklichkeitskonstruktion.
- *Systemisches Denken* und konstruktivistisches Denken und Handeln sind nicht identisch, ergänzen sich aber.
- *Motivgeleitete Interessen* und Erkenntnisse bilden einen Zusammenhang.
- *Menschen* orientieren sich innerhalb individuell definierter und gedeuteter Kontexte an Werten.

- Ein *Kontext* (Konstrukt oder auch Handlungssystem) ist dem Individuum, der Gruppe oder dem Team dann bewusst, wenn er/sie ihn kognitiv erschließen kann.
- *Körper, Gehirn, Geist* und *Emotionen* bilden eine unzertrennbare Einheit.
- *Entscheidungen* für ein Verhalten/eine Handlung werden durch Motive, Bedürfnisse innerhalb von durch Werte gedeuteten Kontexten beeinflusst.
- *Menschen* handeln, da sie für sich einen persönlichen Vorteil im Sinne der Erfüllung von Motiven, Bedürfnissen und Werten erwarten. Dies gilt auch für Gruppen und Teams.
- *Werte* entstehen durch wiederholtes, individuell erfolgreiches Handeln/Verhalten in einem spezifischen Kontext.
- *Grundsätzliche Verhaltensmuster* ergeben sich aus Werten, die für das Individuum, die Gruppe oder das Team kontextübergreifend gelten.
- *Werte*, die handlungsleitend sind, aber hinsichtlich ihrer Bedeutung nicht reflektiert werden, führen zu Glaubenssätzen. Glaube ist ein Wertekontext, der nicht hinterfragt wird.
- *Leitwerte* sind Werte, die für das Individuum, die Gruppe oder das Team in allen konstruierten Kontexten gelten. Sie bilden die Schnittmenge aller Werte innerhalb dieser Kontexte.
- *Werte* bilden die Grundlagen für Entscheidungen. Der Beginn einer Entscheidung ist die gefühlsmäßige Wahrnehmung eines Wertes. Der Abschluss einer

Entscheidung begründet einen Wert (subjektiv) rational.

- *Wahrnehmung* basiert auf der Wahrnehmung von Unterschieden.

4.4 Begründungen und Herleitungen

- *Die Theorie* vom Selbstorganisierten Coaching ist ein eigenständiger didaktisch-methodischer Ansatz zum Verständnis von Coaching und zur Entwicklung von Coachs.
- *Prozess* ist im Coaching die festgelegte Ablaufstruktur, die mit Hilfe von Reflexionsangeboten auf Abstraktionsebene die nachhaltige Selbstorganisation auslösen will.
- *Die Ableitung* von Reflexionsangeboten orientiert sich an Hypothesen, die aus wissenschaftlichen Modellen, wissenschaftlichen Theorien und der Axiomatik der Hamburger Schule gebildet werden.
- *Im Coaching* geht es darum, Freiheitsgrade für eigenes Verhalten innerhalb eines „Bezugskontextes" zu identifizieren und zu erweitern.
- *Hypothesen und Prognosen* – Die Wirkungserwartung der Theorie vom Selbstorganisierten Coaching begründet sich in der Abhängigkeit, Interaktion und strukturierten Bearbeitung der Aussagen unter konsequenter Wahrung der Werte Freiheit, Freiwilligkeit, Ressourcenverfügung und Selbststeuerung:
  - Die Lösung liegt im Coachee

    Der freiwillige Veränderungsprozess eines Menschen orientiert sich an seinen motivalen Zukunftsvorstellungen in einem Kontext. Durch die Bereitschaft zur Veränderung ist der Coachee bereit, seine eigenen Ressourcen neu zu bewerten, und er erkennt, welche ihm zur Lösung (Handlungsalternative) noch fehlen.

– Vertraue auf den Prozess

  Der formalisierte Coachingprozess als die zentrale Methode im Coaching stützt sich auf die Erkenntnisse der KEPPNER-TREGOE-*Methode,* dem Rubikon-Modell der allgemeinen Handlungsphasen, dem Handlungslernen und den Transfertheorien. Die methodische Struktur des Cochingprozesses besteht aus der Abfolge und Bearbeitung folgender Merkmale:

Die Struktur des systemisch-konstruktivistischen Coachingprozesses

Phase 1 Kontakt und Kontrakt
1.1 Vorstellung und Erwartung der Beteiligten
1.2 Coachingablauf, Kommunikationskontext und Selbstorganisation vereinbaren
1.3 Thema und Veränderungswunsch skizzieren

Phase 2 Systemische Themen- und Zielklärung
2.1 Thematischen Ist-Kontext systemisch visualisieren
2.2 Ziel festlegen und Folgen reflektieren

Phase 3 Zielorientierte Ressourcenidentifikation und Reflexion
3.1 Motive, Werte und Intelligenzen zur Zielerreichung ermitteln
3.2 Werte des Kommunikationskontextes ermitteln
3.3 Hypothesengeleitet Ressourcen ermitteln
3.4 Ressourcen aus eigenen und fremden Quellen
3.5 Bisheriges Analyse- und Lösungsmuster der Selbstorganisation im thematischen Kontext
3.6 Feedbacksystematik und somatische Marker etablieren

Phase 4 Handlungskompetenz im systemischen Zielkontext festlegen
4.1 Entwicklung und Entscheidung der Handlungsalternativen
4.2 Handlungsabfolge festlegen (Handlungsplan)
4.3 Potenzielle Probleme bei der Realisierung des Handlungsplans analysieren
4.4 Ressourcen- und Handlungsplan aktualisieren
4.5 Controllingmerkmale des Handlungsplans festlegen
4.6 Nachhaltige Selbstorganisation sichern

Phase 5 Controlling
5.1 Controlling des Handlungsplans
5.2 Controlling der nachhaltigen Selbstorganisation

4.5 Empirische Operationalisierung und Postulate

Messkonzepte der empirischen Prognosen und Hypothesen

- Coaching

  Eng verbunden mit allen Coachtätigkeiten und Coachingprozessen sind die Fragen nach der Wirksamkeit von Coaching und der damit einhergehenden Überprüfungen. Der Maßstab des Coachingerfolgs wird vom Coachee, von der Gruppe, dem Team in seinem/ihrem Veränderungsziel und den Erreichungsmerkmalen, die Coachee, die Gruppe, das Team freiwillig und in seiner/ihrer Entscheidungsfreiheit erarbeitet hat, festgelegt. Der Coach trägt die Prozessverantwortung, das heißt, er verantwortet die grundsätzliche Ablaufstruktur und er leitet aus dem Veränderungsziel seines Coachee in Verbindung mit den vereinbarten Erreichungsmerkmalen eine logische Abfolge von Reflexionsangeboten ab. Der Coachee, die Gruppe, das Team trägt die Ergebnisverantwortung. Er/sie/es allein ist für die Festlegung und Erreichung seines/ihres beabsichtigten Veränderungsziels verantwortlich. Es können vom Coachee, der Gruppe, dem Team quantitative (messbare) und qualitative (beschreibbare) Kriterien (Erreichungsmerkmale) definiert werden. Daher handelt es sich bei der Evaluation von Coaching immer um ein Selbstcontrolling.

- Coachausbildung und Zertifizierung

  Durch die Zertifizierung von angehenden Coachs soll sichergestellt werden, dass Coachs über Kompetenz im Sinne der Theorie vom Selbstorganisierten Coaching verfügen.

Belege und Widersprüche für die Theorie

Um Systeme, in denen wir leben, in ihrer Komplexität allgemein hinreichend und zutreffend beschreiben zu können, bedarf es einer Berücksichtigung von unbestimmt vielen Parametern. Die Definitionen, Bedeutungen und Deutungen der Begriffe „System" oder „systemisch" sind aus den Welten bekannter Wissenschaftsdisziplinen in die Welt des systemischen und konstruktivistischen Coaching nicht übertragbar und/oder anwendbar. Die Wissenschaften, insbesondere die Soziologie, betrachten, analysieren und deuten ganze Systeme. Systeme in ihrer Gänze haben auch in diesen Wissenschaftsdisziplinen unbestimmt viele Merkmale: offene Systeme, dynamisches Interagieren der Systemmerkmale oder der Beteiligten bei Verhalten und Entscheidungen – auch durch den Charakter der Irrationalität. Es sind sozusagen Wesensmerkmale von Systemen (im Sinne dieser Wissenschaftsdisziplinen). Insofern sind Erkenntnisse über diese System-Welten immer einzelfallübergreifend abstrakt. Die daraus abgeleiteten Erkenntnisse lassen daher die Individualität der Einzelsituation im konstruktivistischen Coaching nicht zu. Systemisches Coaching hat als Betrachtungs- und Deutungsbezug immer die Einzelfallsituation des Coachee, seiner Person und seiner Veränderungsthematik. Daher akzeptiert und bearbeitet systemisches Coaching grundsätzlich individuelle Anforderungen und Deutungen der thematischen Bezüge eines Menschen unter dem Aspekt des Konstruktivismus (gefühlte Objektivität des Subjekts). Die Systeme des Coachee sind komplexitätsreduzierte Erklärungen seiner Bezugswahrnehmung (Kontext). Konkrete Wahrnehmungen und deren

Beschreibungen von Bezügen, Kontexten oder Systemen sind nur mit einer überschaubaren Zahl von Parametern in ihrer konkreten Handlungswelt möglich. Insofern sind die Systeme des Coachee überschaubar. „Systemisch" im Coaching bedeutet die Akzeptanz der nicht wiederholbaren Einzigartigkeit von Personen, der thematischen Ausprägung und den damit verbundenen dynamischen Interaktionen und Integrationen in Kontexten.

Beeinflussende Parameter im Kontext und zwischen Kontexten (= systemisch):

- geltende Werte und Normen
- akzeptierte Werte und Normen
- Motive und Bedürfnisse
- Abhängigkeiten
- Interaktionen zwischen Menschen und zwischen Kontexten
- Deutungen, Bedeutungen und Bedeutungszusammenhänge
- Zeit
- Komplexität der Parameter
- Feedback-Systematiken

Lernen

- Bewusste und unbewusste Erfahrungen von Ausbildern und Lernenden sind systemisch-konstruktivistische Rahmenbedingungen für Lernen.
- Lernen ist ein systemisch-konstruktivistischer Prozess, der vom Lernenden bewusst gesteuert werden kann.
- Lernen erfolgt in Abhängigkeit von individuellen Gefühlen, Motiven, Bedürfnissen, Werten, Intellekt

und Selbstwirksamkeitserwartungen innerhalb systemisch-konstruktivistisch gedeuteter Kontexte.

- Lernen ist im Ergebnis individuell pragmatisch und unvorhersehbar.
- Lernen löst Bewusstsein und Motivation für routinierte Lösungsstrategien innerhalb bekannter Kontexte aus.
- Lernen löst kreative und gewollte Lösungsstrategien für unbekannte Verhaltenskontexte aus.
- Ausbilder sind Organisatoren individuell authentischer, komplexer Lehr-, Lern- und Anwendungskontexte.
- Lernen erfordert Rückmeldungen über Unterschiede und Übungen aus dem Lehr-/Lernkontext zur individuellen Orientierung.
- Faktenwissen und Faktendeutungen von Ausbildern und Lernenden sind untereinander vernetzt und individuell in unterschiedliche Anwendungskontexte transferfähig.
- Lerner sind in der Regel kompetenter in ihren Anwendungskontexten als Ausbilder.

4.6 Praxiseinsatz

Konkrete Handlungsempfehlungen

- Praxisorientierung

  Um im Alltag bestehen zu können, muss die Ausbildung von Coachs praxisorientiert sein. Typische Coachingthemen, typische Coachingsituationen, typische Coachingkontexte, typische Coachingbeteiligte, typische Coachingverläufe in der Privat- und

Berufswelt sind Inhalt und Gegenstand einer Coachausbildung.

- Pragmatisch

  Die Entwicklung der Kompetenzen eines Coach orientieren sich am Pragmatismus: Das didaktisch-methodische Vorgehen eines Coachausbilders innerhalb einer Coachausbildung orientiert sich neben dem Konstruktivismus auch am praktischen Nutzen für den Coachee. Reflektierte, erlebte Coachingerfahrung im Arbeitsalltag, gekoppelt mit analytischem und erprobtem Vorgehen, ermöglichen wirksame Ergebnisse im Coaching. Gleichzeitig bedeutet es den Verzicht auf konstruierte Fallbeispiele und Rollenspiele, da eine individuelle, emotionale Bindung der Teilnehmer hier nicht hergestellt werden kann und somit kein Nutzen für die Kompetenzentwicklung für ihn ableitbar ist. Rollenspiele „entfernen" den Lernenden von seiner Identität.

- Abgrenzung

  Als eigenständiges Erklärungssystem von Coaching grenzt sich die Theorie vom Selbstorganisierten Coaching bewusst von anderen Erklärungssystemen von Coaching ab. Das bedeutet auch das bewusste Verwenden und das bewusste Ausgrenzen von Begriffen, die nicht der Axiomatik der Theorie vom Selbstorganisierten Coaching entsprechen. Begriffsdefinitionen, die in einem alltagssprachlichen Verwendungsverständnis dieser Begriffe zu „Irritationen" führen, werden im Sinne eines Lehrdogmas nicht verwendet. Dazu zählen insbesondere die Begriffe: Rat, Ratschlag, raten, Beratung, beraten, vermitteln, Tipps, Rolle, Rolle ausfüllen, Rolle einnehmen und vergleichbare, lösungvorwegnehmende (lösungantizipierende) Formulierungen. Begriffe aus der Methodik bestehender Ausbildungen wie z.B. TA und NLP werden im Sprachgebrauch der Theorie vom Selbstorganisierten Coaching nicht verwendet bzw. sollen, um „Übertragungen" auszuschließen, nicht verwendet werden.

- Vermittlung

  Das Verwenden und Anbieten von thematischem Struktur- oder Orientierungswissen (abstraktes Wissen) ist kein Training oder keine Ausbildung im Sinne von situativ angebotener Lösungskompetenz.

- Nachhaltige Selbstorganisation

  Durch den Coachingprozess kann der Coachee in Kongruenz zu seinem Veränderungsziel selbstständig Veränderungen initiieren und sein Verhalten durch Selbstreflexion auch in sich wandelnden Kontexten in der Zukunft stabilisieren.

Ethik

Die Ethik setzt Normen für das Verhalten eines Coach, der im Sinne der Theorie vom Selbstorganisierten Coaching handeln will. Verhaltensgrundsätze im Sinne dieser Ethik reflektieren die Tätigkeit des Coach und des Coachens. Dabei berücksichtigen sie insbesondere die Interessen der zu coachenden Person im Kontext von Coaching. Die Ethik beschreibt konkretes Verhalten zu den Merkmalen ...

- Grundhaltungen eines professionellen Coach,
- vertragliche Grundlage von Coaching,
- Verschwiegenheit und Datenschutz im Coaching,

- Darstellung/Transparenz der Kompetenz des Coach und von Coaching und
- Verwendung von Referenzen durch den Coach.

Merkmale von Coachausbildungen

Coaching als bewusste Veränderungsarbeit basiert auf im Menschen vorhandenen und im Wechselspiel wirkenden Motiven, Werten, Bedürfnissen sowie Fakten und Wissen innerhalb individueller, dynamischer Kontexte sowie auf ...

- der konsequenten didaktisch-methodischen Ausrichtung auf Basis des Konstruktivismus, des Pragmatismus und fundierter systemischer Feldkompetenz;
- der konsequenten Unterscheidung von Modell, Methode und Werkzeug;
- der Betonung der Vermittlung von strukturellen Feldkompetenzen, die von Führungskräften innerhalb ihrer komplexen Anforderungen im Führungsalltag sonst nicht erlernt werden. Individueller Ausbau situativer Führungs- und Selbstführungskompetenz;
- der Betonung der situativen Handlungskompetenz durch Förderung von Innovation und Kreativität. Teilnehmer entwickeln Methoden aus Modellen. Eigenentwicklung und Bewährtes sind kombinierbar;
- der Betonung des „handwerklichen Aspektes" von Coaching im Sinne einer praktischen Kompetenzentwicklung;
- der Betonung der Bezüge zur Berufs- und Arbeitswelt, kompatibel zu allen marktgängigen Zertifizierungsverfahren.

Der Ausbilder trägt eine Mitverantwortung für die persönliche Lernkompetenz seiner Teilnehmer in deren praktischer Lernumsetzung.

Umsetzungsmodelle

- Kritische Erfolgsfaktoren
- Kompetenzentwicklungsmodell
- Kompetenzmodell
- Individuelle Wertentwicklung
- Zentrale Werte im Coaching
- MVWK-Modell mit sechs Kontextvarianten
- Coachingprozess

4.7 Kontextualisierung

(Bezüge zu anderen Theorien, Disziplinen und thematischen Sachgebieten)

Coaching benötigt dafür inhaltliche Anleihen aus bestehenden Wissenschaftsdisziplinen, sowohl in seinem grundsätzlichen Verständnis als auch in seinem vollziehenden Tun. In der Regel sind damit die allgemeinen Erkenntnisse der Wissenschaftsdisziplin als auch deren spezifische Teilgebiete gefragt:

- *Erziehungswissenschaft*
  (Andragogik, Curriculum, Handlungslernen, Lernen)
- *Kommunikation*
  (Führung, Kreativität, Linguistik, Semantik)
- *Mathematik*
  (Axiomatik, Entscheidungstheorie, Logik)
- *Neurowissenschaften*
- *Philosophie*
  (Glaube, Naturheilkunde, Werte, Wissenschaftstheorie)

- *Psychologie*
  (Motivation, NLP, Psychotherapie, Pädagogische Psychologie, TA)
- *Rechtswissenschaft*
  (Grundrechte, allgemeines Persönlichkeitsrecht, Zivilrecht, insbesondere Vertragsgestaltung und Haftung)
- *Soziologie*
  (Konstruktivismus, Systemtheorie)

Daneben bieten folgende Disziplinen weitere Erkenntnisse zum Verständnis und Gestalten von Coaching:

- Betriebswirtschaft
- Marketing
- Strategie
- Visionen
- Ziele
- Transfertheorien

5 Teilnehmerstimmen

Die Konzeption unseres Coachingverständnis als Theoriekonstrukt wird in ihrer Anwendung in der Coachausbildung, aber auch von Coachees erlebt und bewertet. Aus der Vielzahl von Stimmen sind vier ausgewählt, die auch sehr gut die Zielgruppen von Coaching, Coachauswahl und Teilnehmer unserer Coachausbildung widerspiegeln.

5.1 Coach

Eine gute Entscheidung

„Entscheidungen sind Gegenstand unternehmerischen Handelns“ und „Jeder Entscheidung liegt ein Konflikt des Für und Wider zugrunde“. Konflikte sind daher hilfreich und gut.

Problematisch wird es, wenn Entscheidungen getroffen werden, die den Wertschöpfungsprozess stören und unnötige Kosten verursachen. Das können individuelle Entscheidungen oder Gruppenentscheidungen sein, die in ihrer Wirkung ein Verhalten auslösen, das nicht erfolgreich ist.

Als *Systemischer Managementcoach* treffe ich immer wieder auf Unternehmenslenker, die über die Symptome konfliktabhängiger Ineffizienz klagen: Mitarbeiter gehen in die innere Kündigung; der Verlust von kompetenten Leitungskräften; lähmende Auseinandersetzungen zwischen Abteilungen; irreparable Eskalation zwischen Gesellschaftern und oberster Leitungsebene; Alleingänge von Mitarbeitern oder Teams; unverstandene Strategien usw.

Systemisches Managementcoaching als wissenschaftlich fundierter Ansatz, grundiert in der Theorie vom Selbstorganisierten Coaching, hat für Unternehmen den Vorteil, dass sie sich vom externen Coach nicht erzählen oder beraten lassen müssen, wie ihre Mitarbeiter sich zu verhalten haben. Vielmehr schafft es der Prozess sehr überzeugend, die Menschen sich selbst in ihrem Kontext mit seinen Anforderungen so organisieren zu lassen, dass sie mit einem neuen und innovativen Verständnis von Zusammenhängen, einem tief gehenden Reflexionsvermögen und einem sicheren Gefühl für förderliches Verhalten zurück in ihren Arbeitsalltag gehen – mit hoher Selbstmotivation und der grundsätzlichen Fähigkeit, sich in anderen Kontexten selbst gut zu führen.

Mit der Nutzung des Verständnisses vom Selbstorganisierten Coaching für sich selbst oder in Ihrem Unternehmen wählen Sie daher einen effizienten, kompetenten und vielfältig nutzbaren Weg für eine höhere Wertschöpfung und persönliche Zufriedenheit.

Sie haben sich für dieses Buch entschieden – eine gute Entscheidung!

DIRK LÖHMER – Systemischer Management- und Teamcoach SMC®, Zertifizierter Wirtschaftsmediator DGWM, Diplom Wirtschaftswissenschaftler, ehemaliger CEO, Aufsichtsrat, Beirat.

5.2 Coachee

Als noch jüngere Führungskraft an Lebens- und Berufsjahren war ich auf der Suche nach einem Coach, der mich in meiner Selbstständigkeit im Denken und Eigenverantwortlichkeit im Handeln als Führungskraft unterstützt. Von unserer Personalabteilung bekam ich bei der Suche nach solchen Coachs Unterstützung. Der Anlass für ein Coaching war bei mir die Antwort auf die Frage nach dem richtigen Führungsverhalten meinen Mitarbeitern gegenüber.

Der von mir ausgewählte Coach erläuterte mir in der Kennenlernphase sein Coachingverständnis, das auf einer Methode basiert (Coachingprozess), die auf Werten und Anliegen beruht, die das Verhalten des Coachs mir gegenüber beeinflussen mit der Zusage, dass ich mich nach dem Coaching selbst in Führungsfragen coachen könne.

Ich erlebte dann ein Coaching, das diesen Bedingungen voll genügte. Ich hatte mein Thema in der Coachingsitzung (1 Tag) bearbeitet und gelöst, weil ich wusste, wic ich in Zukunft als Führungskraft agieren wollte. Von meinem Coach bekam ich alle im Coaching verwendeten Unterlagen, um mich daran zu erinnern, aber auch um mich mit diesen Unterlagen als Anhaltspunkt selbst zu coachen. Ein von mir fotografisch erstelltes Verlaufsprotokoll des Coachings half mir später, mich genau zu erinnern, was in jeder Phase des Coachings gemacht wurde.

Und in der Tat konnte ich mich selber coachen, wenn auch nicht so gut wie mit der Unterstützung durch den Coach – aber immerhin zu meiner Zufriedenheit.

Als ich nach zwei Jahren einen größeren Führungsbereich übernahm, wurde mir schnell bewusst, dass der Bereich in unserem Unternehmen und bei Kunden nicht den besten Ruf hatte. Ich engagierte meinen Coach wieder. Hier lernte ich eine inhaltliche Variante des Coachens kennen. Auf der Basis des Prozesses habe ich im Coaching gelernt, wie ich mit Hilfe von Marketinginhalten mein Thema zufriedenstellend bearbeiten kann. Sowohl im ersten Coaching – wo es um Führungsfragen ging – als auch im zweiten Coaching –

wo es um die Vermarktung meines Bereiches ging – wie ich es heute nenne, bekam ich vom Coach im Vorwege kurze Zusammenfassungen zu den Themen Führung und Marketing, damit ich mit fachlich richtigen Ressourcen mein Thema bearbeiten konnte – meine Lösung finden konnte.

Meine Erfahrungen mit Coaching beschreibt die Grundlagen der Theorie vom Selbstorganisierten Coaching.

PETER HOMANN – Manager in der Luftfahrtbranche

5.3 Unternehmensvertreter

Qualitätssicherung von Coach-Pools

Die Landeshauptstadt München, mit ca. 30.000 Mitarbeiterinnen und Mitarbeitern – davon 2.500 Führungskräfte – die größte Kommunalverwaltung Deutschlands, beschloss vor einigen Jahren, Coaching als Personalentwicklungsinstrument für ihre Führungskräfte massiv auszubauen. Um hierfür eine fundierte Coaching-Kompetenz auch im eigenen Haus, dem städtischen Personal- und Organisationsreferat, aufzubauen, absolvierte ich 2008 eine Coaching-Ausbildung beim Institut für Selbstorganisiertes Caoching, ISOCH, in Hamburg.

Im Nachhinein hat sich diese Ausbildung als die vielleicht wichtigste Grundlage, zumindest aber als prägender Baustein des gesamten Coaching-Konzepts der Landeshauptstadt München herausgestellt. Insbesondere die scharfe Abgrenzung zwischen Coaching als Instrument, das von Freiheit und Selbstorganisation des Klienten als unumstößlicher Maxime ausgeht, und Beratungsansätzen jeglicher Art, hat es uns ermöglicht, einen hohen Qualitätsanspruch im städtischen Coachingansatz einzufordern und zu implementieren. Auch die Erkenntnis, dass ein gut strukturierter Coaching-Prozess eine der wichtigsten Ressourcen für den Erfolg von Coaching darstellt, bildete die Grundlage des Coaching-Ansatzes der Stadt München.

Aufgrund dieser in Hamburg erworbenen und bei der Stadt München nun vorhandenen Kompetenz gelang es uns, bei der Auswahl von Coachs für unseren externen Coach-Pool die Spreu vom Weizen zu trennen. Der überwiegende Part der Bewerberinnen und Bewerber, darunter auch „gestandene" und in der Szene bekannte Coachs, war nicht in der Lage, die von uns vorab definierten Ansprüche an systemisches Coaching und an selbstorganisiertes Lernen im Coaching zu erfüllen. Unsere Erfahrungen: Bei näherem Nachfragen wurden die vorab meist geäußerten Bekenntnisse zur im Coaching notwendigen „Hilfe zur Selbsthilfe" oft konterkariert. Belehrung bis hin zu Bevormundung hielten Einzug. „Systemisches" Coaching wurde zwar auf vielen Zungen getragen, konnte aber oft nicht schlüssig erklärt und begründet werden. Bemerkenswert auch, dass nur ein Bruchteil der Bewerber in der Lage war, einen Coaching-Prozess und dessen Eckpfeiler wie Zielklärung, Zielerreichungsmerkmale, Ressourcen-Identifikation, neue Handlungsoptionen sowie Absicherung und Controlling zu benennen. Auch konnten die Coachs ihren Coaching-Ansatz so gut wie nie schlüssig aus einer Theorie ableiten.

Die Landeshauptstadt München will Selbstreflexion und Selbstorganisation ihrer Führungskräfte stärken und mit Coaching fördern. Nur durch Selbst-Lernen entsteht Nachhaltigkeit – davon sind wir überzeugt. In den städtischen Coach-Pool wurden nur Coachs aufgenommen, die diese Coaching-Konzeption teilen und vor allem auch praktizieren. Der Coaching-Ansatz der Hamburger Schule ist hervorragend geeignet für alle, die mehr wollen als Beratung und Tools. Hieraus lassen sich die entscheidenden Kriterien auch für die Qualitätssicherung von Coach-Pools ableiten. Es geht um ein Grundverständnis, das sich ausschließlich an der Autonomie und den Interessen der Klienten, sprich der Führungskräfte orientiert. Unternehmen und Organisationen, die einen Coach-Pool aufbauen oder in be-stehende Coach-Pools mehr Qualität bringen möchten, finden im Ansatz der Hamburger Schule eine reichhaltige Quelle für Qualitätssicherung.

STEFAN SCHOLER – Leitung des Aus- und Fortbildungszentrums der Landeshauptstadt München

5.4 Führungskraft

Als geschäftsführender Gesellschafter eines Unternehmens mit 40 Mitarbeiter/innen habe ich mich, nach intensiver Recherche am Markt, für die Ausbildung zum Systemischen Management Coach (SMC)® – nach den Grundsätzen des Selbstorganisierten Coaching (Hamburger Schule) – entschieden.

Der Wirkungsansatz des Selbstorganisierten Coachings liegt in der nachhaltigen Selbstorganisation, die den Coachee befähigt, aus dem konkreten Coaching nicht nur sein Veränderungsthema in der Situation zu lösen, sondern insbesondere zu lernen, wie er in zukünftigen Arbeitssituationen sich selber coachen kann. In dieser Idee des Coachingverständnisses liegt die Idee der Selbstführung eines Menschen, der sich in zukünftigen Situationen, unter Zuhilfenahme einer Methode – hier Prozess genannt – sich selber coachen/selbst führen kann.

Unselbstständige Mitarbeiter und Führungskräfte kann ich in den Wertschöpfungsprozessen meines Unternehmens zur

Ziel- und Ergebniserreichung – wie man sich denken kann – wirklich nicht wollen.

Die Entscheidung zu dieser Ausbildung als Systemischer Management Coach galt hauptsächlich der Verbesserung meines Führungsverständnisses und Führungsverhalten. Als Führungskraft muss ich mir immer die strategische Frage stellen: Durch welche Vorgehensweisen und Maßnahmen gelingt es mir, motivierte und fachlich befähigte Mitarbeiter zu entwickeln, die in der jeweiligen Arbeitssituation – selbstständig gemäß den Anforderungen des Kontextes – möglichst erfolgreich agieren.

Der systemische und konstruktivistische Ansatz in dieser Ausprägung der Selbstführung von Menschen hat meine Selbstwirksamkeit als Führungskraft positiv verändert. Für mich war das Feedback meiner Mitarbeiter und Führungskräfte zu meinem veränderten Führungsverständnis Bestätigung **und** auch Ansporn, das in der Coachausbildung Gelernte in meinen Führungsalltag weiterhin bewusst zu transferieren.

Die Ausbildung zum Systemischen Management Coach empfehle ich jedem, der sich persönlich und auch in der Mitarbeiterführung zur Zufriedenheit und Selbstmotivation seiner Mitstreiter neu aufstellen möchte.

Mehr denn je gilt:

Das Bessere ist des Guten Feind.

JOHANNES BUDKE – Geschäftsführer, OHF – Haus für Finanzplanung GmbH & Co. KG, Osnabrück

6 Begriffsdefinitionen

Im Laufe der Coachausbildungen auf der Basis der Theorie vom Selbstorganiserten Coaching haben sind die Erfahrung gemacht worden, dass die Kommunikation über Inhalte und ihre Legitimierungen sich immer dann als „herausfordernd" herausgestellt haben, wenn sich die faktische Definition eines Begriffes (Denotation) mit der Deutung (Konnotation) des Begriffs vermengten.

Um dieses „Babylon der Sprachen" widerspruchsfreier und konfliktfreier zu handhaben, sind von uns alle relevante Begriffe der Theorie vom Selbstorganisierten Coaching und ihrer Anwendungssprache definiert worden. Dies vereinfacht die Verständigung über die Inhalte der Theorie und ihrer Anwendung erheblich, obwohl das Vokabellernen, zumindest am Anfang der Ausbildung, nicht jedem Teilnehmer als sinnvolle Herausforderung erscheint.

Die Vereinfachung der Kommunikation wird aber auch dadurch erleichtert, weil am Markt übliche Begriffe in ihrer Schärfe oder Unschärfe besser erkannt werden können.

Die Definitionen sind – wie die Theorie vom Selbstorganisierten Coaching und die verwendeten Grafiken – dem Buch „CoachAusbildung – ein strategisches Curriculum"und unserem Internetauftritt www.hamburgerschule.net entnommen bzw. entlehnt.

A

Absicht, die
: ist das Bedürfnis, etwas zu verwirklichen.

Abstraktion, die
: induktiver Prozess des Weglassens von Einzelheiten und des Überführens in das Generelle der Einzelteile.

Alternative, die
: bedeutet die Wahlmöglichkeit zwischen zwei sich ausschließenden Optionen, z.B. links oder rechts, ja oder nein, an oder aus usw.

Analyse, die
: allgemeiner Begriff für eine systematische Untersuchung, bei der das zu untersuchende Objekt/Subjekt in seine Bestandteile zerlegt wird, um anschließend geordnet, untersucht und ausgewertet zu werden.

analytisch
: bedeutet zergliedernd oder logisch, systematisch.

analytische Denken, das
: entspricht im Coaching dem vernetzten bzw. systemischen Denken, das heißt dem Denken in Zusammenhängen.

assoziiert
: bedeutet im Coaching, emotional mit seinen eigenen Gefühlen, Motiven, Bedürfnissen, Werten und Intelligenzen in Kontakt zu stehen, mit der Folge, Sachzusammenhänge aus der eigenen Person heraus zu deuten.

autonom
: Möglichkeit, sich gewollt ohne Einfluss von außen selbst organisieren zu können.

Autopoiesis, die
altgriechisch auto = selbst und poiesies = schaffen, bauen. Bezeichnet den Prozess der Wiedererschaffung und Selbsterhaltung eines Systems; die Umwelt hat auf autopoietische Systeme (außer deren Zerstörung) keinen direkten Einfluss, da autopoietische Systeme in sich (operativ) geschlossen (aber nicht verschlossen) sind.

autoritär
aus der Deutung/der Machtanmaßung der eigenen Person heraus.

Axiom, das
wissenschaftlicher Begriff für einen unbeweisbaren, aber in sich einsichtigen Grundsatz, der als Ausgangspunkt einer Theorie dient.

B

Bedürfnis, das
ist ein spezifischer Beweggrund für ein Verhalten.

Begabung, die
ist eine themenspezifische individuelle Ressource, die sich in einem konkreten Kontext als vorteilhaft unterscheiden lässt.

C

Coachingansatz, der
meint die Wirkungserwartung an das Coaching, aus der sich die Verwendung des Prozesses von Werten, Modellen, Methoden und Werkzeugen ableitet.

D

deduktiv
aus abstrakten Strukturen ableitend.

Denotation, die

meint, über einen Begriff deutungsfrei (also eine ausschließlich faktenorientierte, neutrale Bedeutung, Grundbedeutung, den inhaltlichen Kern eines Wortes) Übereinstimmung mit anderen zu haben.

Didaktik, die

geisteswissenschaftlicher Begriff für die Theorie der Lehrinhalte.

dissoziiert

im Coaching: nicht aus der eigenen Person heraus deutend und bewertend.

E

Entscheidungsfähigkeit, die

bezeichnet das Potenzial, aus Alternativen zu wählen.

F

fachlich-methodische Kompetenz, die

1. interagierender Bereich des Kompetenzmodells. Die fachlich-methodische Kompetenz beschreibt die fachlichen Kenntnisse und Fertigkeiten in einem Kontext sowie die ergebnisorientierte Organisation von Arbeitsabläufen.
2. Kenntnisse und Fertigkeiten, die zur fachlich-methodischen Kompetenz eines Coach zählen, sind:
   - Hypothesenbildung auf der Basis von Modellen,
   - Angebote zur Reflexion auf Abstraktionsebene mittels Modellen,
   - Klärung von Bedeutungen und Bedeutungszusammenhängen,
   - Fragen,
   - Perspektivenwechsel auslösen,
   - Prozess führen,

- nachhaltige Selbstlernkonzeption auslösen.

Fähigkeit, die

Koordinierungskapazität für beabsichtigtes Handeln.

Feedback, das

die zeitnahe Rückmeldung einer Wahrnehmung oder die Beurteilung von etwas nach einem allen Beteiligten verfügbaren Maßstab.

Feedbacksystematik, die

Rückmeldemaßstab in einem Kontext für Wahrgenommenes.

Fertigkeit, die

antrainierbare, erlerntc, konkrete Verhaltensweise.

Freiheit, die

bezeichnet die Befähigung und die Verpflichtung, aus Alternativen nach bestimmten individuellen Selektionskriterien zu wählen.

Freiwilligkeit, die

bedeutet absichtliches und/oder spontanes Handeln.

Führung, die

absichtsvolles Beeinflussen von menschlichem Verhalten oder Organisationsstrukturen.

Futur 1

Handlung liegt in der Zukunft und bezeichnet einen Verlauf.

Beispiel: Ich werde am Montag vom Zehn -Meter-Turm springen.

Futur 2

Handlung wird in der Zukunft schon abgeschlossen sein, das heißt, sie ist zu dem Zeitpunkt in der Zukunft schon Vergangenheit. Man nennt das auch „vollendete Zukunft".

Beispiel: Ich werde am Montag vom Zehn-Meter-Turm gesprungen sein.

G

Gefühl, das

ist eine körperlich empfundene Bewertung einer Wahrnehmung.

H

Handlungsalternativen, die

sind unterschiedliche, durch menschlichen Willen entstandene Tätigkeiten.

Handlungskompetenz, die

meint, persönliche Ressourcen selbstgesteuert in einem situativ-individuellen Handeln zu realisieren.

Handlungslernen, das

Lernen als bewusste Handlung: Lernen wird als ein bewusster Prozess betrachtet, der vom Lernenden gesteuert wird. Auf der Grundlage von Informationen und Ressourcen (wie Erfahrung, Werte) legt der Lernende sich ein Konzept für das kommende Tun zurecht. Dieses Konzept schließt die Analyse der Ausgangssituation, das Handlungsziel sowie die verfügbaren Mittel ein. In einer nachfolgenden Orientierungsphase prüft er, ob das Konzept für ihn subjektiv ausreichend war. Ist dies nicht der Fall, werden weitere Informationen abgefragt und das Handlungskonzept überarbeitet. Hinsichtlich des ursprünglichen Handlungskonzeptes und der gesetzten Ziele wird die Realisierung des Tuns überprüft.

Handlungsplan, der

Abfolge von Handlungen zur Zielerreichung.

Hypothese, die

griechisch hypothesis = Unterstellung, Vermutung; allgemeiner Begriff für eine unbewiesene (wissenschaftliche) Annahme, die wahrscheinlich ist, aber noch eines Beweises bedarf.

hypothetische Frage, die

Frageart mit der Absicht, den Befragten in den Zustand einer Annahme zu bringen und unter dieser Prämisse etwas zu bewerten.

Hypothesenbildung im (selbstorganisiertem) Coaching, die

Im Selbstorganisierten Coaching verwendet der Coach zur Hypothesenbildung nur wissenschaftlich überprüfbare Modelle, Theorien und Axiome. Der Coach bildet die Hypothese in dem er ein ausgesprochenes Wort durch den Coachee mit dem identischen (nicht durch den Coach gedeuteten) Wort in einer Theorie, einem Modell oder Axiomen verbindet. Die gesamte Theorie oder das gesamte Modell oder die Axiome werden dem Coachee in der Phase der Ressourcenidentifikation zur Reflexion auf Abstraktionsebene angeboten.

Beispiel: Der Coachee formuliert: „Durch die Reorganisation im Betrieb bin ich mir nicht mehr sicher, ob ich allen fachlichen Ansprüchen in der neuen Position gerecht werde".

Der Coach identifiziert das Wort „sicher" und kann es mit der Bedürfnispyramide von Maslow in Verbindung bringen. Daraus entsteht die Formulierung der Hypothese:

„Kann es sein, dass Ihre Zielerreichung mit den fünf Begriffen im Zusammenhang steht?"

Eine andere Hypothese wäre denkbar:

„Kann es sein, dass Ihre Zielerreichung mit folgenden vier Begriffen im Zusammenhang stehen?”
Das in der Hypothese angesprochene Modell, die Theorie oder Axiome muss/müssen immer in Gänze zur Reflexion angeboten werden, damit der Coachee die Freiheit hat, aus Alternativen (bei Maslow sind es fünf, beim Kompetenzmodell auch vier Begriffe) auszuwählen. Dann kann er aus eigenem Vermögen „deduktiv” auf die Suche nach seinen Ressourcen gehen.

I

induktiv

aus dem Konkreten auf das Abstrakte schließend.

Intelligenz, die

ist eine individuelle, ererbte und gelernte strukturelle, neuronale Ressource, die in einem Kontext die Qualität kognitiver, emotionaler oder psychomotorischer Entscheidungen beeinflusst.

Intervention, die

lateinisch intervenire = dazwischentreten, sich einschalten; Begriff aus der Pädagogik und bedeutet den direkten Eingriff in das Geschehen, um ein unerwünschtes Phänomen zu vermeiden oder zu beseitigen.

intuitiv

Fähigkeit, impulsiv und unbewusst zu entscheiden und zu handeln.

K

Kepner-Tregoe-Methode, die

Methode von CHARLES KEPNER und BENJAMIN TREGOE, 1958 aufgestellt, dient der Rationalisierung von Denkprozessen und ist Basis der Arbeitsmethodik; besteht aus folgenden vier Bearbeitungsfeldern:

1. Problemanalyse (in der komplexe Situationen zergliedert und Prioritäten festgelegt werden),
2. Situations-/Ursachenanalyse (in der die wahre Ursache eines Problems zu finden ist),
3. Entscheidungsanalyse (in der Alternativlösungen entwickelt und bewertet werden),
4. Analyse potenzieller Probleme (in der potenzielle Probleme erkannt und Gegen- bzw. Ersatzmaßnahmen festgelegt werden).

Kommunikationskontext, der

vereinbarter Rahmen für Kommunikation, der die Interessen aller Beteiligten berücksichtigt. Er ist Ergebnis der selbstgesteuerten Auseinandersetzung mit Gefühlen, Motiven, Bedürfnissen, Werten und Intelligenzen der eigenen Person und anderer Personen.

Kompetenzmodell, das

1. Das Kompetenzmodell der Hamburger Schule ist in erster Linie ein allgemein gültiges Modell. Es beschreibt abstrakt die Fähigkeiten und Fertigkeiten, die ein Mensch in einem bestimmten Kontext entwickelt haben muss, um in diesem Kontext situativ erfolgreich zu sein (→ Handlungskompetenz).
2. Das Kompetenz-Modell, das auch für den Kontext „Coaching“ gilt, besteht aus fünf einzeln zu betrachtenden, aber in der Situation interagierenden, thematischen Bereichen:
   - persönliche Kompetenz
   - fachlich-methodische Kompetenz
   - sozio-kommunikative Kompetenz
   - Feldkompetenz
   - Handlungskompetenz

Konflikt, der

Konflikte sind Situationen, in denen voneinander abhängige Parteien versuchen, unvereinbare Ziele zu erreichen oder Handlungspläne zu verwirklichen. Kennzeichen ist eine emotionale Spannung.

Konfrontation, die

Gegenüberstellung einer anderen Deutung oder Faktenlage.

Konnotation, die

bezeichnet die Bedeutungszuschreibung für einen Begriff durch den Begriffsverwender. Dies bedeutet im Sinne des Konstruktivismus: Der Sprecher bestimmt die Bedeutung des Gesagten und der Hörer bestimmt die Bedeutung des Gehörten.

Konstruktivismus, der

ist ein Begriff in verschiedenen (wissenschaftlichen) Fachbereichen und Disziplinen. Grundsätzlich ist er Ausdruck für eine wissenschaftliche Denk- und Erkenntnishaltung, die davon ausgeht, dass Wissen, Erkenntnisse, Vorstellungen und andere Inhalte nicht naturgegeben (objektiv) sind, sondern vom Menschen als erkennendes Subjekt konstruiert werden. Diese Erkenntnis ist philosophischer Natur und geprägt durch SOKRATES und IMMANUEL KANT. Sie eroberte die Psychologie durch JEAN PIAGET, ERNST VON GLASERSFELD, die Naturwissenschaften wie durch HUMBERTO MATURANA, die Neurowissenschaft durch GERHARD ROTH, die Sprache durch PAUL WATZLAWICK, in der Pädagogik/Andragogik durch HORST SIEBERT.

Kontext, der

steht im Coaching für eine komplexitätsreduzierte Bezugswahrnehmung des Coachee, der Gruppe oder des

Teams und bezieht sich grundsätzlich auf ein Thema/ einen Inhalt.

kontextbezogenes Faktenwissen, das

bezieht sich auf alle objektiven Fakten eines Kontextes. Dazu zählt z.B. die Arbeitszeit genauso wie der Arbeitsvertrag, die Betriebsvereinbarungen, das Gesellschaftsrecht, das Handelsrecht, die DIN-Normen usw.

Konzept, das

die konkrete Anforderungsbeschreibung an das Ziel-Strategie-System eines Themas in seinem Kontext mit festem Absichtscharakter zum Handeln; vergleichbar mit Aktionsplan oder Rezept.

Konzeption, die

ist die umfassende Beschreibung eines Ziel-, Struktur- und Handlungssystems eines Themas in seinem Kontext als flexibel gehaltenes Realisierungsvorhaben. (Grundsätzliche Bearbeitungsstruktur mit erlaubten Freiheitsgraden in den konkreten Handlungssituationen).

Kreativität, die

allgemeiner Begriff für ein schöpferisches Vermögen, das sich im menschlichen Verhalten und Denken verwirklicht; sie ist das schöpferische Potenzial des Menschen, die Fähigkeit, von gewohnten Denkschemata (analytisches Denken) abzuweichen, aus der Norm fallende Ideen (kognitiver Faktor) zu entwickeln.

L

Logik, die

Folgerichtigkeit des Denkens im Sinne von begründbar und nachvollziehbar.

M

Maßnahme, die

aktive Umsetzung der langfristig geplanten Anstrebung der eigenen Bedürfnisbefriedigung.

Menschenbild, das

ist ein in der philosophischen Anthropologie gebräuchlicher Begriff für die Vorstellung, das Bild, das jemand vom Wesen des Menschen hat. Insofern der Mensch Teil der Welt ist, ist das Menschenbild auch Teil des Weltbildes. Menschenbild wie Weltbild sind immer in eine bestimmte Überzeugung oder Lehre eingebunden, die jemand vertritt.

Methode, die

ist ein themenspezifisches Analyse- und Lösungsmuster, das ein „richtiges" Ablaufverfahren im Kontext definiert. Die Methode ist auf Grund ihres Ablaufcharakters zeitlich messbar.

Methodik, die

bezeichnet die Gesamtheit wissenschaftlicher Methoden; den Gegensatz bildet intuitives und spontanes Handeln; pädagogischer Begriff für die Methoden des Lehrens und Lernens.

Mission, die

beschreibt Werte und Normen, die das Verhalten Einzelner und Gruppen in einem spezifischen Themenkontext leiten und verlangen.

Modell, das

ist die komplexreduzierende und abstrakte Darstellung von Wirklichkeit.

Motiv, das

ist ein unspezifischer Beweggrund für ein Verhalten.

MVWK-Modell, das

beschreibt den Zusammenhang zwischen Motiven, Werten und deren Einfluss auf das Verhalten in einem Kontext. Es kann zur Analyse, zum Verständnis und zur Ableitung von Reflexionsangeboten genutzt werden.

N

Nachhaltige Selbstorganisation, die

Nach dem Coachingverständnis kann der Coachee durch den gelernten Coachingprozess und seine Rahmenbedingungen in Kongruenz zu seinem Veränderungsziel selbstständig seine Veränderungen initiieren und sein Verhalten durch seine Selbstreflexion auch in sich wandelnden, aber thematisch vergleichbaren Kontexten in der Zukunft organisieren und realisieren (Selbstcoaching).

O

Orientierung, die

Bestandsaufnahme eigener Bedürfnisse.

P

Persönliche Kompetenz, die

bedeutet in einem Kontext, eigene Gefühle, Motive, Bedürfnisse, Werte und Intelligenzen identifiziert zu haben und sich selbst in seinem Verhalten einschätzen zu können.

Perspektivenwechsel, der

Einnahme einer anderen Sichtweise.

Perturbation, die

lateinisch perturbare = durcheinanderwirbeln.

Potenzial, das

ist die Wirkungsmöglichkeit eigener Ressourcen, um in thematischen Kontextbereichen Handlungskompetenz zu entwickeln.

pragmatisch

praktisch und unkompliziert Aufgaben und Dinge anzugehen.

R

Rat/Ratschlag, der

Aufforderung/Angebot zu einem/für ein Verhalten, das der betreffenden Person Hilfe verspricht.

Reflexion, die

philosophischer Begriff für ein prüfendes und vergleichendes Nachdenken; pädagogischer Begriff für das Nachdenken über eine vergangene Lernsituation; physikalischer Begriff für das Zurückwerfen von Wellen/ Strahlung.

Im Coaching ist die Reflexion ein Synonym für die Ableitung von Erkenntnissen aus einem sprachlich-visuellen, abstrakten Angebot.

Reflexionsangebot auf Abstraktionsebene, das

will dem Coachee in der Phase der Ressourcenidentifikation die Möglichkeit zur Ressourcenfindung geben.

Das Reflexionsangebot entsteht aus der Hypothesenbildung bis Ende der Phase 2 des Coachingprozesses. Nicht zu verwechseln mit der strukturellen Ressource, die einen Deutungszusammenhang zu einem Thema anbietet.

Ressource, die

bedeutet natürliche Vorkommnisse und Mittel wie ...

1. ökologisch: die Luft/der Wind, das Wasser, die Erde, das Feuer, das Leben oder alle Rohstoffe,
2. ökonomisch: die Arbeit, der Boden, die Umwelt, das Kapital,
3. psychologisch: Fähigkeiten, Charaktereigenschaften usw.,
4. soziologisch: die Bildung, die Gesundheit, das Prestige usw.,
5. kontextueller Bezug oder Mittel.

Ressource, die strukturelle

Reflexionsangebot als Deutungsgesamtheit einer Menge thematisch gleichartiger Alternativen, verbunden durch einen thematischen Oberbegriff. Gilt als Feedbacksystematik für die Entwicklung von Handlungsalternativen.

Ressourcenverfügung, die

autonomer Zugriff auf Mittel zur Zielerreichung.

Rubikonmodell der allgemeinen Handlungsphase, das

Um motivationspsychologisch lange unbeachtete Willensprozesse integrieren zu können, unterscheidet HECKHAUSEN im Rubikon-Modell vier deutlich voneinander abgegrenzte Handlungsphasen: Die erste und letzte sind motivationale, die beiden mittleren *willengestützte* (volitionale) Phasen.

- Die anfängliche „prädezisionale" Motivationsphase (vor der Entscheidung) charakterisiert HECKHAUSEN als Phase des Wünschens und Wägens – und Wählens: Da man nicht alle erlebten Wünsche realisieren kann oder mag, muss man genau abwägen, welche Wünsche überhaupt wichtig sind. Dies geschieht hinsichtlich der Erwartung (Realisierbarkeit: Sind Zeit, Mittel etc. vorhanden?) und dem Wert

(Wünschbarkeit: Sind Folgen, Kosten und Mühen lohnenswert?). Da man nie alle Zusammenhänge überschauen kann, sorgt die „Fazit-Tendenz" für eine Entscheidung. Sie beugt endlosen Abwägungen vor, indem sie etwas ab einem bestimmten Punkt als realisierbar und wünschenswert definiert: An diesem „Rubikon" sind die Würfel buchstäblich gefallen, man hat gewählt und für den Handelnden gibt es kein Zurück mehr. In dieser motivationalen Anfangsphase ist auch das erweiterte kognitive Motivationsmodell einzuordnen. (Mit dem Begriff „Rubikon-Modell" formulierte HECKHAUSEN in bewusster Anlehnung an JULIUS CÄSARS historisches Überschreiten des Rubikons im Jahre 49 v. Chr. einen der berühmtesten Begriffe der Motivationspsychologie).

- Die entscheidende Zielwahl ist gefallen, man ist motiviert, die handlungsaktivierende Zielbindung definiert. Nur kann man oft nicht sofort loslegen: Wann kann man handeln? Und wie? In der zweiten „präaktionalen" Phase (vor der Handlung) werden nun für die Zielerreichung wichtige und genaue Pläne und Vorsätze bestimmt: wie lange, wo, wann, unter welchen Anfangsbedingungen etc. gehandelt werden soll. Da es – ähnlich dem Abwägen – lange dauern kann, die „richtigen" Durchführungsvorsätze zu bilden, entscheidet die „Fiattendenz", wann Vorsätze verbindlich sind.
- An dieser Stelle beginnt mit der dritten „aktionalen" Phase die eigentliche Handlung: Nun will man sein Ziel „wirklich" aktiv handelnd erreichen. Wie sehr man sich dabei anstrengt, hängt direkt vom jeweiligen Willen und der volitionalen Intensität ab. Je größer die Volition, desto größer die Energie, mit der

man sein Ziel verfolgt – wobei die aufgebrachte Volitionsenergie von der motivationalen Stärke und Zielbindung abhängt. Diese Phase endet mit der Zielerreichung.

- In der abschließenden „postaktionalen" oder Nachhandlungs-Phase werden das eigene Tun bewertet und Konsequenzen für zukünftige Vorhaben ermittelt.

S

Selbstorganisation, die
ist die Fähigkeit, aus sich selbst heraus Lösungen und Strukturen mittels Ressourcen zu generieren.

Selbststeuerung, die
meint, dass der Coachee in der Lage ist, Veränderungsanforderungen selbst zu erkennen und selbst zu realisieren.

Selbstwahrnehmungserweiterung, die
ist die Fähigkeit, das eigene Selbstbild unter unterschiedlichen Kontextanforderungen zu deuten.

Strategie, die
beschreibt eine optimale grundsätzliche Vorgehensweise in einem thematischen Wertekontext zur Zielerreichung.

System, das
zusammengesetztes Ganzes aus mehreren Teilen.

systemisches Coaching, das
berücksichtigt die komplexe Lebenswelt des Coachee in der Analyse des konkreten Kontextes durch den Coachee.

Systemisches Coaching hat als Betrachtungs- und Deutungsbezug immer die Einzelfallsituation des Coachee, seiner Person und seiner Veränderungsthematik im Fokus. Daher akzeptiert und bearbeitet systemisches Coaching grundsätzlich individuelle Anforderungen und Deutungen der thematischen Bezüge eines Menschen unter dem Aspekt des Konstruktivismus (gefühlte Objektivität des Subjekts).

T

Theorie, die

Gedankenmodell zum Erklären von Erscheinungen oder zur Konstruktion neuer Welten.

Therapeut, der

bewertet durch ihn beobachtbares Verhalten auf der Basis subjektiver Deutung von vorgegebenen Diagnoserastern und schließt auf eine Ursache.

Transfer, der

Mit dem Begriff Transfer kann man viele Phänomene in der Pädagogik beschreiben. Eigentlich müsste er eine zentrale Rolle spielen. Übersetzt man Transfer mit „Übertragen" (lat. transferre) von etwas, dann ist *Lehren* und *Unterrichten* im Wesentlichen nichts anderes als „übertragen" von vorhandenen Erkenntnissen durch ein Medium (Lehrer) auf Lernende (Schüler), also von Wissenden auf Nichtwissende, mit dem Ziel, den Zustand der Nichtwissenden in Wissende zu überführen. In der pädagogischen Literatur wird dieser Vorgang häufig undifferenziert als Lehr-/Lernprozess bezeichnet. Es ist ein Verdienst der Kybernetischen Pädagogik, diese Vorgänge strikt zu trennen, denn Lernen folgt eigenen Gesetzen. Wie die Praxis zeigt, wird nicht alles Gelehrte auch gelernt oder nicht so gelernt wie gelehrt. Nur im Idealfall wird das Ergebnis identisch sein.

In der Pädagogik werden mit dem Begriff Transfer „nur” jene Phänomene bezeichnet, die beim Lehren und Lernen eines Inhalts A auch Einfluss auf den Inhalt B haben.
Es muss also eine Beziehung zwischen beiden Lehrinhalten bestehen. Sie müssen entweder identisch (oder teilweise identisch) oder ähnlich sein. Überwiegend wird unter Transfer der Einfluss eines vorher gelehrten bzw. gelernten Inhalts auf den nachfolgenden Inhalt verstanden. Die Richtung des Transfers spielt eine wichtige Rolle, weil sachlogisch die Inhalte nicht einfach vertauscht gelehrt und gelernt (also B vor A) werden können.
In der Wirkung des Transfers wird vor allem zwischen einem positiven (förderlichen, erleichternden) und einem negativen (störenden, hemmenden, erschwerenden) Einfluss unterschieden.
Für die Pädagogik macht es vor allem Sinn, sich mit dem positiven Transfer, also das Lehren und Lernen befördernden Einfluss, auseinanderzusetzen.
Welche Transfertheorien gibt es?
In der Transferforschung hat es nicht an Versuchen gefehlt, das Transferphänomen theoretisch zu beschreiben und zu erklären und die Wirkungen zu prognostizieren.
Wichtige Transfertheorien sind u.a. die „Formalbildungstheorie”, „Theorie der identischen Elemente” (THORNDIKE et al. 1901), die „Generalisierungstheorie” (JUDD, 1908) und die „kybernetisch-pädagogische Transfertheorie” (FRANK, 1980; WELTNER, 1970).
Die „Formalbildungstheorie war bis zur Jahrhundertwende „das Kleinod der Schulpädagogik” (FLAMMER,

1970). Man nahm an, dass „die Übung jeder *geistigen Fähigkeit* sich auf alle anderen auswirkt” (DORSCH, TRAXEL, 1963). Unterstellt wird dabei die Existenz eines „allgemeinen (und meistens sehr hohen) Transfers” (FLAMMER, 1970) und die Förderung globaler Fähigkeiten wie z.B. logisches Denken oder die „Ausbildung des Gedächtnisses und des Willens” (Lexikon der Psychologie, 1972) und „Die Mathematik und das Latein stehen vorzugsweise in dem Rufe” (ZIETZ, 1959), besonders formalbildend zu sein. Diese Argumentation wird noch heute in den Schulen verwendet, obwohl derartige Wirkungen empirisch nicht bestätigt werden konnten.

Dies widerlegte THORNDIKE (1901) und entwickelte eine „Theorie der identischen Elemente” (THORNDIKE, WOODWORTH, 1901). Demnach findet Transfer nur dann statt, wenn in beiden Inhalten gemeinsame, genau identische Wahrnehmungs- und Verhaltenselemente vorhanden sind. Die Theorie wurde von CHARLES E. OSGOOD (1949) weiterentwickelt, der Transfereffekte vom Grad der Ähnlichkeit der Elemente in zwei Lernsituationen abhängig machte. Wie viele Kritiker sah auch THORNDIKE selbst seine Theorie nicht als alleinige Erklärung für Transfereffekte an, zumal er auch den Begriff „identische Elemente” sehr großzügig interpretierte.

Zu diesen Kritikern gehört u.a JUDD (1908), der in seiner „Generalisierungstheorie” erklärt, dass es erst zu Transfereffekten kommt, wenn es einer Persönlichkeit gelingt, durch Verallgemeinerung spezifische Erfahrungen auch für verschiedene Situationen nutzbar zu machen.

Im Gegensatz zu diesen behavioristisch orientierten Erklärungsversuchen nutzt die „kybernetisch-pädagogische Transfertheorie" den informationspsychologischen Modellansatz von HELMAR FRANK (1959), der Transfereffekte über informationstheoretische Größen interpretiert und definiert. Der positive Transfer eines Lehrstoffes A auf den Lehrstoff B kann sich auswirken auf eine höhere Kompetenz zu einem bestimmten Zeitpunkt beim Lernen des Lehrstoffs B, oder auf eine verringerte Lernzeit bei festgelegter Kompetenz. Positive Transferformen sind der manifeste Transfer, der zu Lernerleichterungen durch Vorinformation von Inhalten führt und der latente Transfer, der solche Erleichterungen aufgrund von Vorinformation über das Funktionieren von Strukturen bewirkt. Diese Theorie ermöglicht, über das Informationsmaß auch quantitative Aussagen über Transferwirkungen zu machen.

Praktischer Nutzen für das Lehren und Lernen?

Den behavioristisch orientierten Theorien ist es nur bedingt gelungen, die Transferwirkungen in einer allgemeinen Theorie zu beschreiben und zu erklären. Dies liegt an der Vielzahl von Einflussfaktoren beim Lehren und Lernen, sodass es selten oder nur ansatzweise gelingt, eindeutig die Effekte empirisch den Ursachen zuzuordnen. Außerdem bewirkt eine objektive Ähnlichkeit von Lehrinhalten nicht immer ein solches Erkennen beim Lerner.

Trotzdem sind in der Praxis solche Wirkungen festzustellen. Nicht immer sind sie so eindeutig wie der Einfluss von mathematischen Inhalten auf Inhalte der Physik oder Chemie. Selbst beim Lernen der verwandten europäischen Sprachen bieten sich viele Transfermöglichkeiten.

Grundsätzlich kann Transfer bei vielen Lehrinhalten unterschiedlicher Komplexität eine Rolle spielen, die bei den Fakten beginnen und bei Regeln, Methoden, Verfahren und Verhaltensweisen enden. Es fehlt bisher eine Analyse und Beschreibung solcher Effekte, die im praktischen Einsatz eine sinnvolle Erleichterung des Lehrens und Lernens bewirken können.
Eine allgemein gültige Aussage und Beschreibung von Transfereffekten ist deshalb so schwierig, weil eine praktikable Definition der Ähnlichkeit von Inhalten fehlt und das Erkennen dieser Ähnlichkeiten auch noch vom internen Zustand des Lerners abhängt.

V

Veränderung, die

ist der (Über-)Lebenswille und/oder das Bedürfnis nach dem Besseren.

Verantwortung, die

Pflicht, für die Folgen eigenen Handelns einzustehen.

Vision, die

Begriff für Erwartung einer maximalen Befriedigung der eigenen Bedürfnisse in einer unbestimmten Zukunft.

visuelle Aufstellung, die

Begriff für die Visualisierung aller Zusammenhänge (des erkannten Kontextes) in Bezug auf das Veränderungsthema durch den Coachee.

Vorsatz, der

ist das Bedürfnis, einen Handlungsplan zu verwirklichen.

W

Wahrnehmung, die
Deutung aufgenommener Reize.

Werkzeug, das
ist eine funktionale Einzelmaßnahme.

Wert, der
Orientierung für attraktives Verhalten.

Wille, der
ist das unverhandelbare Bedürfnis, einen Handlungsplan zu verwirklichen.

Wirkungserwartung, die
das erhoffte Ergebnis eines Tuns oder einer Beeinflussung.

Z

Ziel, das
meint die bewusst angestrebte Befriedigung der eigenen Bedürfnisse zu einem bestimmten Zeitpunkt.

7 Relevante Veröffentlichungen und Links

7.1 Links

MEIER, ROLF: Systemisch-konstruktivistisches Einzel- und Teamcoaching im Management, Verlag Wissenschaft & Praxis, Dr. Brauner GmbH, Sternenfeld, Frühjahr 2014

MEIER,ROLF/JANßEN, AXEL,: CoachAusbildung – ein strategisches Curriculum, Verlag Wissenschaft & Praxis, Dr. Brauner GmbH, Sternenfeld, 2. überarb. Auflg., 2011, ISBN 978-3-89673-568-3-

Anschrift

Dr. Rolf Meier
Hirtenweg 33,
D-4558 Henstedt-Ulzburg,
Tel.: 04193-969650,
Mail: dr.meier@management-coachausbildung.de

7.2 Links

Die Darstellung der Theorie vom Selbstorganisierten Coaching finden Sie unter dem Namen Hamburger Schule in:

www.hamburger-schule.com

Die Ausbildung zum Systemischen Management Coach - DIE HAMBURGER SCHULE - finden Sie unter:

www.management-coachausbildung.de

Die Qualitätsgemeinschaft der zertifizierten Systemischer Management Coach(SMC)® finden Sie unter:

www.qg-smc.com

Benötigen Sie persönliche Unterstützung durch Coaching, dann finden Sie mich als Executive Coach unter:

www.drmeier-coaching.de